Ramos Rodriguez

O PASEO DE ORDOÑO II

Ramos Rodriguez

O PASEO DE ORDOÑO II

UMA PANORÂMICA HISTÓRICA DO PLANEAMENTO URBANO E DA ARQUITECTURA DESTA ZONA

ScienciaScripts

Imprint

Any brand names and product names mentioned in this book are subject to trademark, brand or patent protection and are trademarks or registered trademarks of their respective holders. The use of brand names, product names, common names, trade names, product descriptions etc. even without a particular marking in this work is in no way to be construed to mean that such names may be regarded as unrestricted in respect of trademark and brand protection legislation and could thus be used by anyone.

Cover image: www.ingimage.com

This book is a translation from the original published under ISBN 978-613-9-44116-7.

Publisher:
Sciencia Scripts
is a trademark of
Dodo Books Indian Ocean Ltd. and OmniScriptum S.R.L publishing group

120 High Road, East Finchley, London, N2 9ED, United Kingdom
Str. Armeneasca 28/1, office 1, Chisinau MD-2012, Republic of Moldova, Europe
Printed at: see last page
ISBN: 978-620-8-20916-2

O PASEO DE ORDOÑO II

UMA PANORÂMICA HISTÓRICA DO PLANEAMENTO URBANO E DA ARQUITECTURA DESTA ZONA

ADRIÁN RAMOS RODRÍGUEZ

ÍNDICE

1-INTRODUÇÃO

1.1. RESUMO E PALAVRAS-CHAVE

Este artigo tem como objetivo fazer uma revisão da bibliografia que analisa o espaço atualmente ocupado pela Avenida de Ordoño II na cidade de León. Trata-se de uma das principais vias de comunicação situadas no centro desta cidade de média dimensão do noroeste de Espanha. As fontes consultadas estudam este espaço no seu desenvolvimento histórico, desde os seus inícios e origens como espaço urbano ou estrada, até aos dias de hoje, convertido numa das artérias de comunicação para pessoas e automóveis, mas também para os fluxos comerciais, económicos, administrativos e residenciais desta cidade.

Por esta razão, este trabalho analisará este espaço rodoviário no seu desenvolvimento e evolução cronológica. Isto será feito de uma forma interdisciplinar, tentando ter em conta a evolução de todos os seus aspectos sociais, culturais, económicos, infra-estruturais e históricos, como é óbvio. Tentaremos também analisar os conceitos implícitos na análise desta questão, tais como as noções de centro urbano, produto, mercadoria ou instrumento. Incluirá também o estado atual deste espaço na cidade de Leão e as suas possíveis alterações num futuro próximo.

centro urbano, evolução histórica, cidade de León, expansão urbana, mercado

1.2. INTRODUÇÃO CONCEPTUAL

A Avenida Ordoño II, na capital de Leão, é a principal via de comunicação da cidade, atravessando-a parcialmente de leste a oeste. Na sua última fase, antes do seu prolongamento em 2011, a avenida tinha meio quilómetro de comprimento e 30 metros de largura. Corria entre as praças de Santo Domingo e Guzmán. Em 2011, por ocasião da construção da nova estação ferroviária, o seu comprimento foi mais do que duplicado. [1]A avenida atravessa o rio Bernesga e chega ao cruzamento com a Avenida del doctor Fleming.

Neste artigo proponho-me analisar a Avenida de Ordoño II como uma das partes mais decisivas do século passado, do ponto de vista urbanístico da nossa cidade. Para isso, e de acordo com o estudo realizado por María del Pilar Durany Castrillo, *"La calle Ordoño II de León; De calzada real a eje comercial"*, podemos compreender melhor as profundas mudanças nesta artéria da cidade que começou a dar os seus primeiros passos nos últimos anos do século XIX.

A Avenida Ordoño II, como elemento urbano ativo e "vivo", foi crescendo e modificando as suas estruturas de forma gradual e ao longo de dezenas de anos. Desde o que foi originalmente o chamado Paseo de las Negrillas, até ao seu aspeto atual como uma animada rua comercial e artéria principal da cidade. Deve-se em grande parte àquele que foi o seu principal impulso urbanístico, o projeto de alargamento da cidade a partir de 1897. [2]Foi finalmente aprovado em 1904, com base em factores tão decisivos como os económicos, sociais e espaciais, que o transformaram num "coletor de dinamismo flutuante" .

Para este autor, há um crescimento positivo gradual da cidade em direção à nova rua da cidade, que contém um volume de negócios e de tráfego cada vez

---

[1] Mª del P. DURANY, *La calle Ordoño II de León: De calzada real a eje comercial y de servicios,* Salamanca, 1990, p. 17.
[2] Ibid, *Op.cit,* p.18.

maior. Durany fala de três ritmos vitais diferentes nesta avenida: "a manhã ou o trabalho e o trânsito, ao meio-dia; a azáfama comercial, ao fim da tarde; e a calma e o sossego, à noite". [3]Para melhor compreender o que era esta avenida em meados do século passado, o autor cita um ditado popular: "Calle Ordoño abajo, los hombres lo ganan.//Calle Ordoño arriba, las mujeres lo gastan.//Calle Ordoño adentro, los bancos lo guardan" (Rua Ordoño abaixo, os homens ganham.//Calle Ordoño acima, as mulheres gastam.//Calle Ordoño dentro, os bancos guardam) .

Desde o seu desenvolvimento como via principal, Ordoño II evoluiu de uma zona quase residencial para uma zona residencial e comercial. Esta última é a que está a captar principalmente a principal razão de ser da rua. Há uma progressiva externalização de um espaço na cidade que serve de foco de atração comercial e de serviços. [4]Para a cidade, a transformação do Paseo de las Negrillas na Avenida de Ordoño II é um dos melhores exemplos do processo de desenvolvimento económico e urbano da cidade de León.

---

[3] Mª del P. DURANY, *Op.cit*, p.19.
[4] Ibid, *Op.cit*, p.20.

2-CONCEITO DE CENTRO URBANO: PRODUTO, INSTRUMENTO E MERCADORIA

Os três conceitos que condicionam o centro urbano são: o produto, o instrumento e a mercadoria.

2.1-Centro da cidade

Abordamos esta artéria cunhando o termo **"centro urbano"**. Durany (1990) afirma que nele cabem dois conceitos significativos: estamos a falar de um lugar geográfico e estamos a falar do seu conteúdo social. Não se trata do caso utópico desse centro urbano ideal do Renascimento, de Sforzinda, onde se imaginam o palácio, os jardins e os redutos privilegiados delineados nesse epicentro urbano. [5]Aqui temos de falar de um centro urbano condicionado pela realidade que influencia o modo como é executado e desenvolvido.

2.2-Produto

O centro urbano pode, portanto, ser entendido como um produto, o resultado das relações entre os elementos que compõem uma estrutura urbana. Sem ignorar o facto de ter dois elementos intrínsecos ao seu significado: o conteúdo e a forma. Dizemos que a sua **expressão sociológica** se traduz em conteúdo (**a parte viva do sujeito urbano**, os seus residentes, os seus fluxos comerciais e económicos, os seus visitantes e transeuntes...). [6]E, por outro lado, como qualquer ecossistema vivo, tem uma referência espacial, que se traduz na forma e se materializa nas sucessivas configurações históricas.

O espaço tem uma vertente puramente formal, onde encontramos os seus contornos arquitectónicos e urbanísticos, que serão quase sempre determinados

---

[5] Mª del P. DURANY, *Op.cit*, p.20.

[6] Ibid, p.21.

pelas relações sociais e pelo determinismo económico que aí se possa estabelecer.

2.3-Instrumento

O espaço, para além de chegar até nós e de ser entendido como um produto, segundo Durany (1990), é utilizado paralelamente como um instrumento e, como tal, está ligado aos processos de troca que emergem no seu contexto. O aparelho de gestão, quer seja municipal ou privado (veremos mais tarde que por vezes coincidem), regulará e projectará o espaço de acordo com critérios de rentabilidade e não com razões sociais.

2.4-Mercadorias

Ao longo do século XIX e grande parte do século XX, nalguns períodos mais do que noutros, o conceito de terra como mercadoria foi uma constante. A chegada da população rural às cidades trouxe consigo a necessidade de produzir espaço, habitação, para albergar toda essa população. As cidades cresceram e o valor da terra multiplicou-se. A terra surge como um dos investimentos mais rentáveis para a classe social abastada. [7]A terra rural, associada durante o século XIX ao Paseo de las Negrillas, foi entendida a partir do século XX, sob o pseudónimo de "Calle Ordoño II", como pura mercadoria para satisfazer as crescentes exigências comerciais que surgiam nessa época.

---

[7] Mª del P. DURANY, *Op.cit*, p. 21.

<u>**3- AGENTES QUE INTERVÊM NO ESPAÇO URBANO. ACTORES DA MUDANÇA**</u>

Para que a ação de renovação urbana seja desencadeada, é necessária a intervenção de um conjunto de agentes que actuem como dinamizadores da mudança. Embora o processo de transformação urbana seja marcado por padrões fixos, ele varia consoante o tipo de proprietários que detêm os meios de produção e o quadro regulamentar em que operam.

O proprietário do solo urbano tentará obter o máximo de lucro com a venda do seu terreno, enquanto o promotor imobiliário pretende comprar os bens a um preço baixo e depois beneficiar dos lucros que obterá em função da localização do edifício. Como veremos mais adiante, o espaço do centro urbano atinge os preços mais elevados numa cidade.

A melhoria do valor de troca de um imóvel implica uma reavaliação do valor de uso de um terreno que pode, a partir de agora, ser cultivado pelo promotor imobiliário. Um terreno no desolado Paseo de las Negrillas não é o mesmo que o mesmo espaço no atual "Paseo de Ordoño II".[8]Desta forma, qualquer melhoria introduzida no terreno pode proporcionar uma potencial valorização do seu valor de troca.

Mas como se constrói esta preponderância do valor de troca sobre o valor de uso inicial, em que momento se subscrevem novas necessidades que não existiam no traçado original, desde quando começou a ser identificado como o centro urbano da nossa cidade e quem foram estes agentes que nele intervieram, como construíram os significantes modernos que hoje encontramos quando passamos, já não nos lembrando daquelas origens humildes e periféricas irreconhecíveis, como construíram os significantes modernos que

---

[8] Mª del P. DURANY, *Op.cit*, p.22.

hoje encontramos quando passamos, já não nos lembrando daquelas origens humildes e periféricas?

Todas estas são questões que nos obrigam a procurar as razões que nos darão as respostas. Como vimos, há muitos contornos conceptuais e temos de os aprofundar. E precisamos de conhecer os interesses que facilitaram a gentrificação do lugar e os projectos que moldaram os seus contornos e porquê.

4-QUANDO COMEÇA O DESENVOLVIMENTO. CONTEXTO HISTÓRICO DO DESENVOLVIMENTO URBANO.

Tudo isto tem a ver com o que aconteceu no início do século passado e com o aparecimento e aprovação dos chamados "ensanches" da cidade. [9]As operações de renovação ou de extensão urbana apareceram como uma solução para remediar a crise ou a degradação das zonas centrais, e também para responder a outras necessidades.

A primeira fase do processo generalizado de industrialização, que se tornou evidente em Espanha no início do século XIX, levou a uma explosão da morfologia tradicional, surpreendeu a cidade e destruiu as estruturas estabelecidas, afectando, para o bem e para o mal, a sua urbanização. A decomposição das estruturas sociais agrárias obrigou à emigração para os centros urbanos. [10]Esta deslocação coincidiu também com um enorme aumento da população, que se deslocou em grande parte para as cidades. Este fenómeno reflectiu-se principalmente nos centros históricos, onde se concentrou a classe proletária.

No nosso caso, estamos a falar de uma zona de lazer elitista que não quer partilhar estas condições precárias e precisa de um espaço e de uma delimitação urbana próprios. A 9 de abril de 1842, quando foi aprovada a lei nacional que declarava "o direito de arrendar livremente os prédios urbanos nas condições que quisessem estipular (...)", consumou-se a libertação da propriedade urbana dos encargos feudais, acomodando-a assim às exigências políticas e económicas do ainda jovem regime liberal. [11]

---

[9] Ibid.

[10] Mª J. GONZÁLEZ ORDOVÁS, *Políticas y estrategias urbanas*, Madrid, 2000, pp.121-122.

[11] Ibid. p.63-65.

Em Espanha, a revolução industrial chegou mais tarde e as mudanças urbanas que provocou foram de uma ordem diferente do panorama internacional. Os centros antigos das cidades nem sempre foram devastados. [12]A legislação urbanística espanhola era claramente expansionista e centrava-se na expansão das cidades como alternativa à remodelação interior.

Embora a cidade seja anterior à industrialização, tanto a industrialização como o crescimento urbano caótico transformaram radicalmente a paisagem que captou a atenção racional da sociedade burguesa. Depois de definir os objectivos, escolher os meios e pesar as consequências, a sociedade burguesa iniciou uma nova forma de ação social: o urbanismo e o planeamento urbano, e inaugurou o urbanismo como uma técnica e uma ideologia utilizada em benefício das classes economicamente mais poderosas. O urbanismo faz parte do esforço de planeamento, é um projeto de ação e representa um ensaio para dominar o futuro, um esforço de prospeção e de orientação espacial.

O planeamento urbano como tentativa consciente de englobar e coordenar todos os aspectos de um conjunto urbano é caraterístico da sociedade burguesa, pois embora o poder político tivesse tido anteriormente um impacto na forma espacial e no simbolismo visual, a sua pretensão não tinha atingido a obstinada aspiração burguesa de compreender e esgotar todos os efeitos.

O discurso generalizado, no final do século XVIII, sobre o poder do espaço e o espaço do poder precede a elaboração e a aplicação, no século XIX, de toda uma série de estratégias destinadas a dominar e a manipular o espaço com vista a manter e a garantir os seus interesses e a sua capacidade de ação, ou a questionar e a modificar os outros. Um elo decisivo no processo que, interligado, faz parte do percurso de construção do Estado Moderno e dos seus traçados racionais e geométricos.[13]

---

[12] Mª del P. DURANY, *Op.cit.* p.20.
[13] Mª J. GONZÁLEZ ORDOVÁS, *Op.cit,* pp.129-130

Voltando ao "nosso ensanche", este não segue o exemplo de Madrid, sendo mais semelhante ao projeto de Barcelona. O facto de os ensanches terem sido configurados ou planeados como espaços assimiláveis à cidade antiga fez com que estivessem imersos no processo histórico das operações de transformação urbana. [14]Assim, atualmente, o centro urbano é identificado em algumas cidades com o bairro antigo, enquanto noutras o ensanche se tornou o centro funcional da cidade, como é o caso da Calle Ordoño II.

Simplificando as consequências, e transportando este contexto para o nosso terreno local, podemos dizer que existem atualmente dois efeitos paralelos na fisionomia urbana. Ao mesmo tempo que as famílias operárias se instalavam na cidade velha e nos subúrbios, assistia-se a uma fuga (ordenada e planeada) das classes burguesas para o Ensanche, que tinha surgido como solução urbana para a saturação da cidade velha. Vimos como as cidades se tornaram catalisadoras do êxodo rural ligado à industrialização e como tiveram de acolher um maior número de "cidadãos" em termos urbanos.

---

[14] Mª del P. DURANY, *Op.cit,* pp.20.

5- A CONFIGURAÇÃO DE UM ESPAÇO URBANO DINÂMICO.

Normalmente, estas operações de renovação urbana são efectuadas em espaços já produzidos e consolidados, mas, como já vimos, não é esse o caso de Leão. Neste caso, são de enorme importância os seguintes acontecimentos históricos: a confiscação da propriedade eclesiástica, a chegada do caminho de ferro à cidade e, de uma forma mais geral, a conceção racionalista que os homens do século XIX tinham do espaço, que se reflectiu significativamente nos planos de alinhamento e expansão. Estes três factos inter-relacionados, juntamente com o aumento da população no final do século passado, resultaram numa mudança da classe social burguesa no sentido do alargamento da cidade.[15]

A razão pela qual este espaço urbano atraiu mais tarde actividades comerciais, até então localizadas no bairro antigo, está de acordo com o desenvolvimento das mudanças mencionadas até agora. Estas três secções que veremos agora são os pilares identificadores da sua morfologia, e sem a sua progressão em forma de soma, teria sido difícil encontrar a Calle Ordoño que hoje nos canaliza.

5.1-DESENHO

[16]   Embora as primeiras desamortizações tenham começado no reinado de Carlos III, o processo de desamortização pode ser considerado um acontecimento fundamental a partir de 1798, com o reinado de Carlos IV, de Godoy a Mendizábal, passando por Cádis . Consistiram na nacionalização das terras ou bens das "mãos mortas", pertencentes a eclesiásticos ou civis. A segunda e a terceira fases, que incluem a obra de Mendizábal com o Real Decreto de 19 de fevereiro de 1836 e a Lei de 29 de julho de 1837 (com o seu

---

[15] Mª del P. DURANY, *Op.cit.* pp.24-25.
[16] Ibid. p.25.

complemento por Espartero em setembro de 1841), são consideradas como as que ajudaram a este processo de renovação, incluindo a Lei de 1 de maio de Madoz, sendo esta última considerada como uma terceira fase do processo de desamortização espanhol que afectava principalmente os bens municipais.

Os objectivos eram: satisfazer as necessidades das finanças públicas e transformar o "regime jurídico da propriedade agrária", que foi considerado como um triunfo da revolução burguesa. A propriedade deixou de estar concentrada nas mãos do clero e passou a estar nas mãos de uma burguesia rica. Foi uma simples transferência de propriedade, que deu origem à especulação fundiária, que deixou de ser cultivada e passou a fazer parte dos terrenos de construção urbana. [17]Uma vez que esta classe social adquiriu a propriedade da terra, criou, em conjunto com as autoridades públicas, os regulamentos legais que favoreciam os seus interesses.

As antigas propriedades rústicas (e depois urbanas) situadas entre os limites actuais da rua Ordoño II, ou seja, desde Sto. Domingo até à Glorieta de Guzmán, eram todas terras confiscadas. As propriedades-mãe existentes no momento da confiscação pertenciam às seguintes comunidades eclesiásticas: Hospital de San Antonio Abad, Cabildo de la Catedral, Colegiata de San Isidoro e Fábrica de la Iglesia del Mercado. Não se conhece a data em que foi desocupada outra propriedade, mas tudo parece indicar que pertencia ao Convento de Santo Domingo, ao qual era contíguo.

Logo que as propriedades do clero foram leiloadas, começaram a aparecer grandes proprietários na zona. As herdades desafectadas possuíam excelentes recursos agrícolas, pois tinham água ao pé da terra. Embora a valorização destas áreas em termos da sua dimensão em termos rurais possa ser considerada normal, esta valorização deve ser feita tendo em conta a sua localização. Na altura da desamortização, tratava-se de quintas arrendadas pela

---

[17] Ibid. pp25-26.

população local. [18]Posteriormente, os contratos dos jornaleiros foram rescindidos e esta zona agrícola periurbana transformou-se rapidamente em solo urbano onde as construções, inicialmente pouco numerosas, substituíram progressivamente os palheiros e os pomares.

Teria sido possível o alargamento e o alinhamento das ruas e a renovação das povoações se a propriedade dos terrenos tivesse permanecido nessas mãos mortas? [19]Para os professores Tomás Cortizo e Antonio Reguera, se a desamortização não tivesse acontecido, teria sido um sério obstáculo à renovação urbana e à futura expansão e crescimento da cidade.

5.2 - A CHEGADA DO CAMINHO-DE-FERRO

Fig. 1 - Imagem da primeira estação ferroviária da cidade de Leão, inaugurada em 1863, embora esta imagem tenha sido tirada em 1882.

---

[18] Ibid. pp26-27.

[19] R. ARCE BAYÓN, *La ciudad de León en el siglo XIX. Transformaciones Urbanas Precursoras del plan de ensanche,* León, 2012, p.120.

Nota: Imagem adaptada de Olaizola Elordi, J. [Juanjo] (18 de dezembro de 2023). O caminho de ferro chega a León [entrada no blogue]. In: Historias del Tren. https://historiastren.blogspot.com/2023/12/el-ferrocarril-llega-leon-i.html

A chegada do caminho de ferro a Leão, sob a proteção do "plano geral ferroviário", em meados do século XIX, foi o principal motor do desenvolvimento e da dinamização económica da cidade. O Estado foi o principal promotor desta iniciativa. O desenvolvimento desta nova rede de comunicações em Espanha não foi tanto uma resposta a uma necessidade real de novos canais de comunicação e distribuição, uma vez que a produção era escassa e não necessitava de novos mercados para ser comunicada nessa altura, mas sim uma resposta ao planeamento com vista a favorecer os efeitos que poderia ter no desenvolvimento industrial que já estava a surgir na segunda metade do século XIX.

No caso de León, para além das razões acima mencionadas, existem outras razões pelas quais a capital de León foi um dos núcleos escolhidos para fazer parte da rede ferroviária. É essencial mencionar Ignacio Gómez de Salazar, engenheiro da mesma, que em 1855 apresentou ao Conselho Provincial uma série de considerações sobre a importância de um caminho de ferro através de León, cujo eixo central é a exaltação do homem como ser produtor que deve desenvolver o "amor pelo trabalho".

Propôs uma rota que ligasse a capital aos centros de produção mineira do norte de Espanha, complementada pela produção agrícola de Castela. Para além de favorecer a troca de mercadorias, permitiria a entrada de novas formas de produção capitalista nas estruturas tradicionais de produção. [20]Tudo isto teria uma influência decisiva na configuração e no desenvolvimento das cidades,

---

[20] Ibid. pp.185-188.

sendo o caminho de ferro considerado um dos principais motores do crescimento urbano, especialmente em Leão.

A rua Ordoño II, também conhecida no passado como Calzada de Santo Domingo, Calzada Real, Calzada del Príncipe Alfonso, Carretera del Estado... adquire a sua verdadeira relevância a partir deste facto fundamental: a chegada do caminho de ferro. Este meio de transporte chegou a Leão em 1863, não sem grandes problemas técnicos e económicos.

A execução do projeto ferroviário remonta a finais do século XIX e constitui o objetivo mais importante e transcendental para o desenvolvimento dos interesses económicos e sociais de Leão. As instituições da capital, Câmara Municipal, Conselho Provincial, Governo, etc., lutaram tenazmente para o conseguir. Para além da doação de bens do seu próprio património, foi feito um apelo aos principais contribuintes da cidade para que comprassem acções do caminho de ferro, a fim de aliviar os elevados custos e poder concretizar o projeto.

Alguns autores, entre os quais D.C., defendem que o impulso para a chegada do caminho de ferro foi "mais um meio para a classe abastada da cidade expandir os seus negócios". Não se tratava, diz ele, de interesse nacional ou social". [21]No entanto, como o objeto deste artigo não é esta questão, mas sim as consequências que ela teve na estrutura urbana da cidade, limitar-nos-emos a ela.

A localização da estação não é casual e terá um grande impacto no nosso objeto principal, a Avenida Ordoño II. As opções consideradas situavam-se em ambas as margens do rio. A Câmara Municipal possuía terrenos em Quiñón de Vega (situados na margem direita do Bernesga), terrenos que em 1860 foram

---

[21] Mª del P. DURANY, *Op.cit.* pp.27-28.

cedidos à Junta de Agricultura com o pretexto de poder utilizar parte deles (sem indemnização) se o projeto ferroviário necessitasse desse espaço. E assim foi feito. [22]A estação foi finalmente localizada na margem direita do rio, após a publicação da Ordem Régia de 1861. Ao longo dos anos, a estação serviria de pólo de atração para a expansão da cidade, expansão essa controlada e dirigida pela burguesia através do projeto de expansão.

A via de acesso mais rápida e fácil para a população à estação era a estrada de Negrillas, que rapidamente se tornou a rua principal da expansão urbana. O caminho de ferro deixou o espaço necessário e suficiente para que a expansão da cidade se desenvolvesse entre o caminho de ferro e o bairro antigo, canalizada através de um plano urbanístico que a favorecia, especialmente para alguns proprietários que necessitavam desta situação benéfica. A Calle de Ordoño II adquire assim uma função importante: a de ser uma via de ligação e comunicação, e com o caminho de ferro.

5.3 - OS PLANOS DE ALIENAÇÃO E EXPANSÃO.

No início de 1863, foram propostas três estradas principais para ligar a cidade ao caminho de ferro: a Renueva, a central ou de Santo Domingo e a de São Francisco. Nessa altura, foi evidenciada a importância de regularizar estes caminhos, dando-lhes largura suficiente para as necessidades futuras.

Fig. 2. Primeiros planos do Ensanche da cidade de Leão no século XIX.

---

[22] *Ibid.* pp. 28-29.

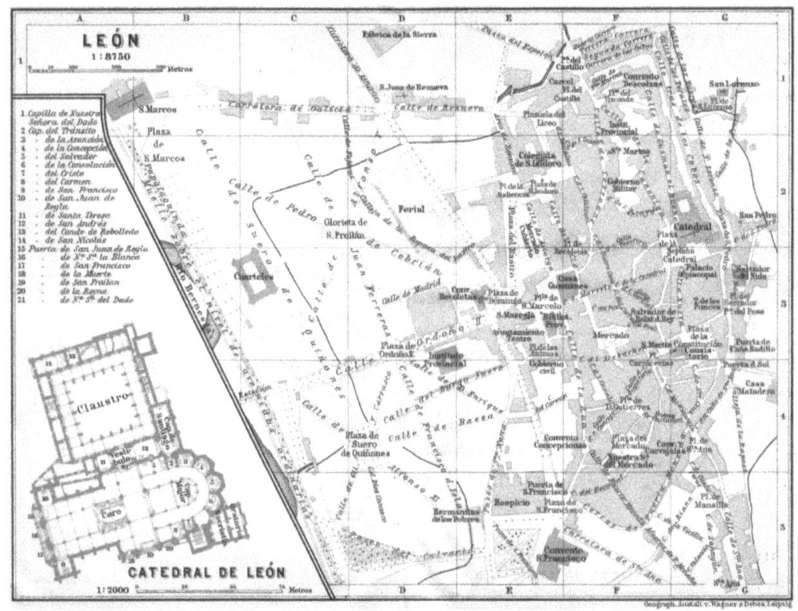

Nota: Imagem adaptada de Unkown (14 de janeiro de 2013). El Ensanche de León [entrada no blogue]. In: Walking BCN. 2012-13. https://caminarbcn12-13t.blogspot.com/2013/01/el-ensanche-de-leon.html

[23]Os planos de alinhamento das ruas implicam novos traçados, o que implica uma redefinição dos lotes e o alargamento da rede de lotes edificáveis, "o que por outro lado permite uma relação mútua entre o sistema circulatório e o sistema construtivo". Desta forma, consegue-se um maior efeito ótico-estético e hierarquiza-se o espaço através de categorias aplicadas às ruas. As ruas mais largas serão de primeira categoria e ordem, e as restantes ruas serão classificadas por ordem decrescente, de acordo com os regulamentos municipais. Estes sistemas tornam-se mais complexos à medida que as relações socio-espaciais da cidade se intensificam. Este é complementado por uma outra série de normas que regulam a altura dos edifícios, o número de pisos, etc.... E

---

[23] *Ibid.*

que não são mais do que a sistematização normativa do uso de um espaço básico que vai ter efeitos imobiliários altamente rentáveis.

O primeiro projeto de ampliação da cidade de Leão foi elaborado em 1897 e o seu relatório é composto por três partes: uma descrição geográfica e política, incluindo uma justificação da área escolhida; uma segunda parte que trata das condições de vida da cidade, dos materiais utilizados, das dimensões...; e, por último, uma dedicada às disposições adoptadas para a ampliação de Leão. Este plano é justificado como uma necessidade com duas causas principais: os custos incomportáveis da remodelação da cidade velha e o desejo da população de se expandir para oeste, até ao ponto de encontro com o caminho de ferro.

O traçado original do alargamento projectava quatro ruas oblíquas em Ordoño II. Uma que, atravessando a Gran Vía, desembocaria na Calle la Torre (que conduziria a San Isidoro). Outras duas: uma para a Gran Vía e outra a partir da Avenida la Independencia. E outra que desembocava no que hoje é a República Argentina. Este traçado causou inquietação a alguns proprietários porque, entre outras coisas, a disposição oblíqua dos ramais fazia com que todos os terrenos limítrofes e contíguos às propriedades vizinhas perdessem valor devido às superfícies triangulares que se produziam. Finalmente, através de uma carta dirigida à Câmara Municipal, vários proprietários subscrevem esta queixa e propõem um modelo de ruas transversais e paralelas ao de Ordoño II. Desta forma, criam quarteirões mais pequenos que estendem mais metros de frente e produzem parcelas mais bem aproveitadas. Foi assim que o projeto foi finalmente aprovado pelo Consistório.

Fig. 3: Planta do Ensanche no início do século XX.

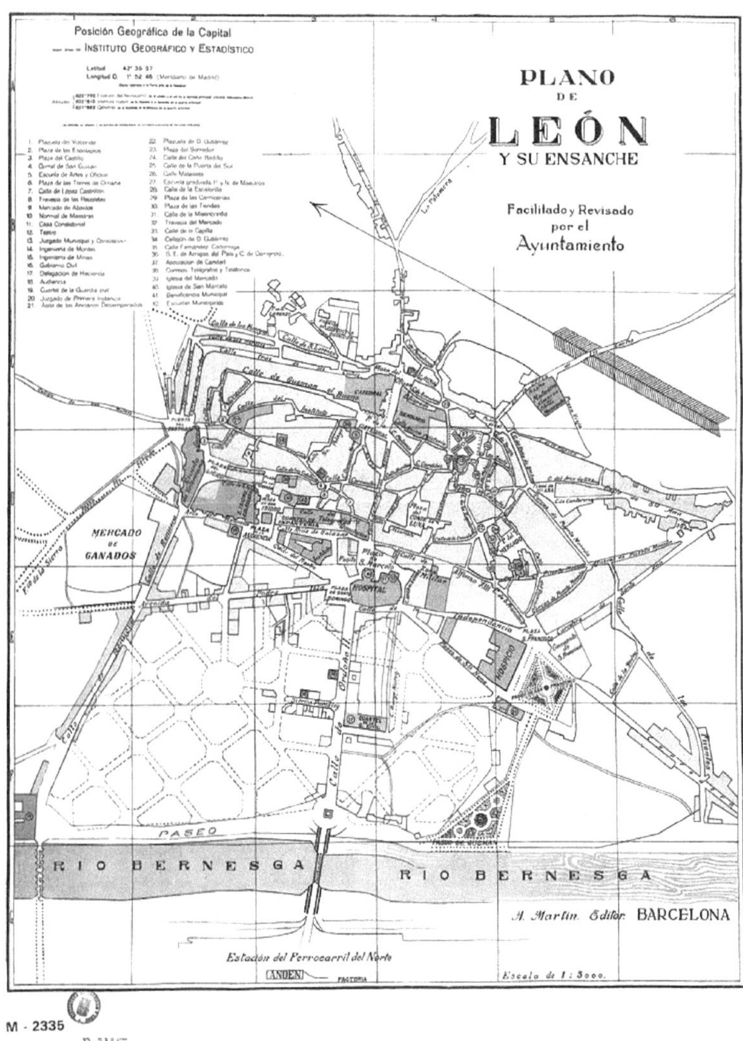

Imagem adaptada de Unkown (14 de janeiro de 2013). El Ensanche de León [entrada no blogue]. In: Walking BCN. 2012-13. https://caminarbcn12-13t.blogspot.com/2013/01/el-ensanche-de-leon.html

O projeto de reforma proposto em 1905 e aprovado em 1907 introduziu variantes de acordo com estas pretensões, tendo sido eliminados os traçados oblíquos em quase todos os ramos, e descartadas também algumas das "pequenas praças" criadas pela junção chanfrada destas perpendiculares, para não perder a rentabilidade das suas propriedades. [24]Se o alargamento da cidade foi inicialmente um projeto desnecessário e demasiado ambicioso, agora, a partir da primeira década deste século, começou a fazer algum sentido, pois funcionou como recetor da população, iniciando uma fase de intensificação do edificado.

Os agentes dinâmicos envolvidos no processo de expansão e transformação da estrutura urbana foram representados, neste caso, pelas reivindicações dos proprietários da Calle Ordoño II. Eles não permitiram que a "sua" rua ocupasse um papel secundário na cidade. Desta forma, a rentabilidade do espaço delimitado pelo eixo principal do alargamento será alargada de acordo com um processo de abertura de novas vias, que dão maior acessibilidade a este eixo, ao mesmo tempo que se estende a rentabilidade ao espaço adjacente.

A extensão do sistema viário é promovida pelos proprietários privados, que vêem assim o seu capital melhorar devido à rentabilidade dos terrenos, tanto em termos de valor de uso como de valor de troca. Se uma propriedade tiver frente para Ordoño será muito rentável, mas sê-lo-á ainda mais se estender a sua frente para outra rua, como Alfonso V. Por esta razão, a grande maioria cede parte das suas propriedades para estas aberturas, e alguns, embora isso devesse ser da responsabilidade da Câmara Municipal, chegam mesmo a encarregar-se das obras de urbanização das novas ruas (pavimentação, esgotos...). A Calle de Alfonso V é uma das primeiras ruas a ser legalmente aberta através de um dossier em novembro de 1914.

O processo mais intenso de abertura de ruas começou por volta de 1915. Antes desta data só existiam duas: Sierra Pambley e Travesía de D. Cayo, hoje

---

[24] Mª del P. DURANY, *Op.cit.* pp.31-38.

"Alcázar de Toledo" e "Capitán Cortés", abertas ao público em 1908 e 1939, respetivamente. Desde a última reforma do plano de alargamento em 1935, o eixo Ordoño II conta com sete ruas e duas passagens perpendiculares. É significativo que o alargamento não se tenha consolidado, nem urbanística nem demograficamente, até depois do primeiro quartel do século passado. Isto indica a desnecessidade do primeiro plano de alargamento nessa altura. Os proprietários só começaram a construir os seus "chalets" com a chegada do caminho de ferro, tendo o período mais intenso de ocupação e construção começado em 1915.

Fig. 4. Chalet de Don Paco construído em 1894

Nota: Imagem adaptada de Olaizola Elordi, J. [Juanjo] (18 de dezembro de 2023). O caminho de ferro chega a León [entrada no blogue]. In: Historias del Tren. https://historiastren.blogspot.com/2023/12/el-ferrocarril-llega-leon-i.html

Os objectivos sociais, argumento defendido por muitos dos promotores desta ideia de expansão urbana, nunca foram o motor desta iniciativa. [25]Foi antes um pretexto para desenvolver materialmente uma zona da cidade da qual poderiam retirar importantes benefícios económicos. Veremos agora se a ocupação do local tem algo a contribuir para esse desenvolvimento urbano.

5.4 - O ENSANQUE E O SEU ENTORNO NO PÓS-GUERRA

[26]A designação da cidade de Leão como capital da província (1833), a chegada do caminho de ferro (1863) e a confiscação de terras no final do século XVIII e início do século XIX, impulsionaram a urbanização do território onde hoje se situa o Ensanche leonés . [27]Mas também o êxodo rural - incrementado no pós-guerra - e o crescimento exponencial dos seus habitantes - de 22.000 em 1920 para quase 50.000 na década de 1940 - favoreceram o desenvolvimento desta nova área urbana e o seu crescimento nos anos seguintes .

[2829]O projeto Ensanche - tal como as reformas empreendidas no final do século XIX no bairro antigo - é entendido, em parte, como uma resposta político-burguesa aos problemas derivados do crescimento demográfico, mas também como uma oportunidade residencial e especulativa em que alguns cidadãos abastados investiram para se instalarem fora do recinto amuralhado. [303132]O que interessa para o nosso estudo é que significou a possibilidade de criar um novo

---

[25] *Ibid.* pp.38-41.

[26]Mª del P. DURANY, *La calle Ordoño II de León: De calzada real a eje comercial y de servicios,* Salamanca, 1990, pp. 24-27.

[27] VV. AA., *León, Casco Antiguo y Ensanche. Guía de Arquitetura,* León, 2000, pp. 23-31.

[28] Mª J. GONZÁLEZ ORDOVÁS, *Políticas y estrategias urbanas,* Madrid, 2000, pp. 121-122.

[29]Mª del P. DURANY, *Op.cit.,* pp. 23-38.

[30] J. R. CABALLERO CHICA, *La arquitetura de la ciudad de León en su fase inicial (1907-1919),* tese de mestrado defendida na Universidade de León, León, 2017, pp. 28-30.

[31] S. TOMÉ FERNANDEZ, "La segunda fase de ocupación del Ensanche Leonés: el proceso de renovación desde los años 60", in L. LÓPEZ TRIGAL (Ed.), *Los Ensanches en el urbanismo español, el caso de León,* Madrid, 1999, pp. 115-119.

[32]T. CORTIZO ÁLVAREZ, "El Ensanche de León. Projeto e primeira ocupação", in *Ibidem,* pp. 104-112.

epicentro da cidade; mais próspero, saudável e ordenado que o antigo, que durante o primeiro terço do século XX reforçou materialmente as suas expectativas e que no pós-guerra se consolidou e começou a amadurecer como tal.

[33][34]Este Ensanche nasceu no final do século XIX como uma proposta genuína na nossa comunidade, mas só depois do pós-guerra é que se completou a definição espacial do seu traçado, nem a ocupação da maioria dos seus lotes . [35]Nessa altura, embora tenha evoluído de acordo com os interesses dos seus proprietários, os seus limites eram já semelhantes aos actuais. Limitava-se a sul com o antigo passeio de inverno - hoje Calle Lancia - e a norte com o antigo Convento de San Marcos. [36]No centro, o "Paseo de las Negrillas" - hoje Ordoño II -, que era a espinha dorsal e a ligação entre a estação ferroviária e a cidade histórica, e este último, juntamente com o rio Bernesga, marcava os limites leste e oeste do Ensanche .

[37]Assim, em termos arquitetónico-urbanísticos, o Ensanche foi uma verdadeira revolução, uma vez que, no início do século XX, havia mais de 70 hectares de terreno livre onde, ao contrário do centro histórico, a modernidade teria um lugar. [38]Como resultado, surgiram nele novas formas, traçados, técnicas e materiais, típicos das grandes capitais. [39][40]E quanto aos estilos historicistas dos primeiros edifícios, é notável a sua semelhança quer com os construídos décadas antes nos alinhamentos do bairro antigo, quer com os construídos cinquenta anos depois, sob a ditadura de Franco.

---

[33] E J. R. CABALLERO CHICA, *Op.cit.*, pp. 28-30; T. CORTIZO ÁLVAREZ, *Op.cit.,* pp. 104-112.

[34] S. TOMÉ FERNÁNDEZ, *León, los ríos en el paisaje Urbano,* Gijón, 1997, pp.59-60.

[35] Mª del P. DURANY, *Op. cit.,* pp. 24-38.

[36] VV.AA., *León, Casco Antiguo y Ensanche...* p. 31.

[37]. J. R. CABALLERO CHICA, *Op.cit.*, pp. 117-118.

[38] *Ibid,* pp. 168-176.

[39] M. SERRANO LASO, *Arquitetura doméstica en León a principios de Siglo (1900-1923). La pervivencia del ecleticismo,* León, 1992, pp. 25-50.

[40] J. HERNANDO CARRASCO e M. SERRANO LASO, "Arquitetura contemporánea. Del neoclasicismo a la posmodernidad", in *Historia del Arte en León,* cap.16, León, 1990, pp. 263-264.

[41]Este paralelismo deveu-se ao facto de serem os mesmos arquitectos ou continuadores dos anteriores e, em qualquer caso, todos eles terem recebido uma formação académica e historicista em Madrid para depois exercerem a sua profissão em cidades como León .

---

[41] M. SERRANO LASO, *Op.cit.,* pp. 117-118.

6-OCUPAÇÃO E DENSIFICAÇÃO DO ESPAÇO NO SÉCULO XX

A população residente da capital leonesa no início do século XX rondava os 16.000 habitantes e o lento crescimento da cidade estava a ser perfeitamente absorvido pelo bairro antigo e pelos subúrbios. Em 1910, contava com um total de 1770 edifícios, 82,4% dos quais construídos dentro das muralhas da cidade. O resto estava fora desta zona, que inclui o alargamento da cidade e, portanto, a rua Ordoño II. Ainda assim, há que assinalar que a população que se deslocou e se instalou no Ensanche e, principalmente, na Ordoño II, era uma burguesia comercial, o que provocou, lenta e gradualmente, mudanças e transformações espaciais. O tipo de edifício construído era o "hotelito" ou "chalés" de um ou dois andares, embora também se começassem a construir edifícios de quatro andares, todos eles residências de luxo para a época. [42]Em 1923, com a demolição do Hospital de San Antonio Abad, formou-se o eixo da Calle Ancha-Ordoño II, ao ficar disponível o terreno da Plaza de Santo Domingo, que antes estava ocupado pelas paredes deste enorme edifício hospitalar.

6.1-Propriedade dos terrenos

Uma das variáveis que determina o processo de renovação urbana é o grau de concentração da propriedade fundiária. Em meados do século passado (1844) registou-se uma importante alteração na propriedade rural e urbana. Como já vimos, as acções de desamortização conduziram à nacionalização dos bens eclesiásticos, principalmente. Quando estes foram postos em hasta pública pelo Estado, tiveram acesso aos bens os licitantes mais elevados, que eram, sem dúvida, algumas famílias abastadas (locais e estrangeiras), que viram no processo de confisco uma boa oportunidade para investir o seu capital.

[2] Um exemplo disso na nossa cidade foi Cayo Balbuena e a sua esposa Asunción Aguirre, que adquiriram e acumularam cerca de 50.000 m. em

---

[42] *Ibid.* pp.40-41.

propriedades que faziam parte do que viria a ser o Ensanche. [2243]Um desses "prados-jardins", de 1.393,54 m, que fazia parte do Hospital de San Antonio Abad, foi adquirido em 1856 por Asunción Iriarte juntamente com outro da mesma herdade, de 1.567,7 m, correspondente às casas dos números 1 a 11, ambos incluídos, e que tinha o seu limite no atual Burgo Nuevo.

6.2-Processo de formação do espaço urbano

Os compradores ou exerciam profissões liberais ou comércio, pelo que foi este facto que marcou os padrões de crescimento espacial, pois não se deve esquecer que os proprietários foram os principais agentes dinâmicos da estrutura urbana. Estes tentavam rentabilizar os seus investimentos em propriedades rústicas, vendendo-as como propriedades urbanas a um preço mais elevado.

As propriedades desamortizadas ou pertencentes a particulares foram divididas em numerosas parcelas que foram vendidas a outros particulares; a segregação e agregação de parcelas foi uma constante no processo de formação do espaço urbano, para o qual contribuíram com um certo dinamismo. No caso da família Balbuena, em 1900 possuía 21,6% das parcelas em frente a Ordoño II e em 1930 já só possuía 8,1% das mesmas.

Estas famílias burguesas tornaram-se parentes umas das outras, o que levou a uma concentração de terras num pequeno número de famílias, mas em numerosas mãos. Isto significa que os herdeiros vendiam a um único proprietário, partindo do princípio de uma propriedade indivisível, ou de comum acordo, para obter um maior lucro. Em todo o caso, quanto mais herdeiros, maior a divisão das terras. Este facto (exclusivamente num local tão procurado como

---

[43] *Ibid.*

o centro da cidade) é uma mais-valia importante. [44]Pouco a pouco, o espaço urbano foi-se configurando, coincidindo com o início do processo de construção, ao mesmo tempo que a abertura das novas ruas e a sua urbanização.

6.3-O edifício: o processo de construção da Calle Ordoño II

Os primeiros vislumbres de construção foram feitos em meados do século XIX. Quando os particulares tiveram acesso às propriedades confiscadas, iniciou-se o processo de construção, que se intensificou durante este século até atingir a sua fase mais complexa atualmente. A primeira avaliação do novo espaço urbano, a Calle Ordoño II, foi feita pelos próprios poderes públicos que, na Memoria del plan de Ensanche, afirmaram que a rua tinha "soberbos edifícios que são os melhores de toda a cidade". Antes de 1890, existiam apenas quatro edifícios, passando a dez em 1900 e a quinze em 1904. [45]Quando as propriedades eclesiásticas foram confiscadas, existiam apenas dois palheiros na estrada de Negrillas com rés do chão e primeiro andar.

---

[44] *Ibid.* pp.45-48.
[45] *Ibid.* p. 48.

Fig. 5: Fotografia do Paseo de las Negrillas no início do século XX.

Nota: Imagem adaptada de Vergara Pedreira, S. [Susana] (4 de abril de 2021). As quatro casas de Ordoño. La Revista de El Diario de León. https://www.diariodeleon.es/monograficos/revista/210404/1251483/cuatro-casas-ordono.html

Os primeiros edifícios foram construídos nos terrenos de Cayo Balbuena. Em 1904, o número de edifícios existentes era de 40,5% do atual, e as primeiras casas de quatro e cinco andares (incluindo sótãos e rés do chão) já estavam a ser construídas. Em 1918, o número de casas aumentou para 29, o que corresponde já a 78,3%. E em 1930, 94,5% dos 37 terrenos que hoje constituem a rua estavam ocupados; é esta última fase que coincide com o maior grau de ocupação do Ensanche pela população. Entre 1890 e 1904 regista-se a maior taxa de crescimento do número de edifícios por lote. Mas a partir de 1918, o aumento da ocupação e densificação deu-se em termos de altura, passando de 6,6% de edifícios de cinco pisos em 1904 para 31,4% em 1930. [46]Estes dados

---

[46] *Ibid.* pp. 48-49

já nos mostram, nesta altura, a grande valorização do terreno como mercadoria na Calle Ordoño II.

6.4-Utilizações do solo

Inicialmente, o Ensanche foi configurado como uma zona eminentemente residencial, acessível apenas às famílias abastadas. Mas outros usos do solo serão progressivamente introduzidos. Novas funções que complementam ou substituem o uso residencial. Trata-se de escritórios e lojas que modificarão progressivamente a estrutura socioeconómica da rua.

A localização de alguns organismos na rua Ordoño II favoreceu a sua promoção como pólo de atração. Em 1918, três importantes repartições da Administração Pública estavam localizadas nesta zona: o Governo Civil, um departamento da Câmara Municipal (casa n° 12) e os escritórios da Repartição de Finanças (casa n° 17). Havia também um banco, o Banco Mercantil (na casa n.° 2). A função comercial era ainda escassa, mas já se começava a vislumbrar o seu posterior desenvolvimento. [47]Existia uma farmácia (casa n°4), uma chapelaria (casa n°2), uma loja de Singer (n°4), uma tabacaria (n°23), uma loja de fotografia (n°7) e quatro lojas de comes e bebes que começavam a suprir as necessidades básicas da população residente na rua.

Em 1936-37 já existiam doze lojas de produtos de primeira necessidade, treze locais dedicados à hotelaria e restauração, outras treze lojas de têxteis, duas perfumarias, oito agências e escritórios em Ordoño, pelo que a rua se especializou em usos terciários, existindo apenas duas fábricas, uma de sabão e outra de massas e chocolate, nesta época. [48]As derivas são em direção ao

---

[47] *Ibid.* pp. 51-53.
[48] *Ibid.* pp. 51-53.

comércio alimentar, aos tecidos e à hotelaria e restauração, sem perder os usos residenciais e de comunicação em direção à estação.

De acordo com a informação fornecida pela Contribuição de 1958, das 37 casas que compõem a rua, apenas seis (16,2%) são utilizadas apenas como residências, embora não existissem edifícios totalmente dedicados a funções terciárias, tendo em conta o número de instalações por edifício dedicadas a este uso. O processo de ocupação e densificação do espaço urbano de Ordoño II foi quase totalmente consagrado no início da década de 1960.[49]

[50][51]O edifício da antiga Câmara Municipal de León foi totalmente remodelado e ampliado em dezembro de 1962, sob um projeto de Prudencio Barrenechea Sánchez, para o qual foram demolidas as infra-estruturas vizinhas do Teatro Principal e da Gota de Leche. [52]Ao contrário da proposta de 1940, o objetivo não era desmantelar a fachada do século XVI, mas sim recuperar as partes bem conservadas e recriar as mais deterioradas em estilo, acrescentando alguns elementos novos e modificando o interior do edifício para o tornar mais funcional. [53]Foi um trabalho mais preservacionista do que o do pós-guerra, mas também funcional e regenerativo-simbólico, semelhante ao realizado na mesma altura nas câmaras municipais de outras cidades.

[54]O edifício que albergou o Governo Civil, atual Subdelegação do Governo de Espanha em Leão, foi inaugurado em 28 de junho de 1947 pelo Ministro do Interior . [55]A sua localização anterior - nos anos 30 - também pode ter sido a

---

[49] *Ibid.* pp. 51-53.
[50] E. FERNÁNDEZ GARCÍA, *León y su actividad escénica en la segunda mitad del siglo XIX*, Tese de doutoramento defendida na UNED, Madrid, 1997, pp. 70-78.
[51] S. SANTOS VALERA, "La gota de leche en la ciudad de león: una institución benéfica municipal", *Argutorio*, nº10, 2003, pp.27-28.
[52] VV.AA., *León, Casco Antiguo y Ensanche...*, pp. 96-97.
[53] M. ANDRÉS EGUIBURU, *Op.cit.,* pp. 113-116.
[54] VV.AA., "Crónica de cien años 1901-2000", *El siglo de león*, León, 2001, p. 277.
[55] T. CORTIZO ÁLVAREZ, *Op.cit.,* pp. 104-112.

zona do Ensanche, junto às antigas Tesourarias Provinciais. [56]Outra ideia é que, antes da Guerra Civil, se situava no local anteriormente ocupado pela fábrica de estilo eclético e historicista, Zarauza, entre as ruas Fajeros, Héroes Leoneses, Padre Isla e Gran Vía de San Marcos .

[57][58]Em qualquer caso, a 9 de janeiro de 1940, foi aprovada a transferência do terreno para a sua construção no local atual, hoje conhecido como Plaza de la Inmaculada, que durante a ditadura foi baptizada como Plaza de "Calvo Sotelo". [59]Isto mostra-nos que, durante o regime franquista, as praças ou os lugares centrais das cidades continuaram a ser escolhidos como os locais ideais para instalar os órgãos representativos do regime e da vida pública. [60][61]Assim, a 22 de setembro de 1943, foram aprovadas as respectivas expropriações e a 30 de março de 1944 foi lançada a primeira pedra .

6.5-Dinâmicas e estruturas demográficas

O espaço urbano é, acima de tudo, um produto social. Por isso, o estudo e a análise da categoria socioprofissional será uma das variáveis que marcará o fio condutor do processo de renovação urbana. Tal como vimos na dinamização de outras estruturas, como os edifícios, a sua configuração irá acompanhar a ocupação populacional da rua Ordoño II, que cresce lenta e gradualmente. Assim, em 1897, a rua Negrillas contava com 228 habitantes. Em 1917 a rua já tinha 429 habitantes e, treze anos mais tarde, em 1930, viviam 709 pessoas. Em 1960, atingiu o seu pico de 1011 habitantes. [62]No que respeita à estrutura demográfica, as pirâmides populacionais da Calle Ordoño II até 1960, de acordo

---

[56] J. R. CABALLERO CHICA, *Op.cit.*, pp. 123-124; J. C. PONGA MAYO, *León perdido...*, pp. 130-131.
[57] VV.AA., "Crónica de cien años...", p. 249.
[58] J. C. PONGA MAYO. *El ensanche de la ciudad de León...*, p. 196.
[59] M. ANDRÉS EGUIBURU, *Op.cit.*, pp. 110-113.
[60] VV.AA., "Crónica de cien años...", p. 232.
[61] *Ibid*, p. 249.
[62] *Ibid.* pp. 53-55.

com a evolução da própria rua, mostram uma população jovem, em contraste com o bairro antigo, que apresenta uma estrutura demográfica envelhecida.

7-MUDANÇAS NO USO E OCUPAÇÃO DO SOLO EM MEADOS DO SÉCULO XX: A TERCIARIZAÇÃO DE ORDOÑO II

[63] No que diz respeito à cidade de Leão, como noutras cidades, a especulação urbana também não foi corrigida, pois os terrenos continuaram a ser comercializados, como acontecia desde antes da guerra. [64][65]E tanto as calçadas leste e oeste do rio Bernega , como os bairros de San Mamés, San Esteban ou Las Ventas ao norte, cresceram especulativamente . [66]Mesmo o bairro de San Claudio, que se encontrava junto ao Ensanche, cresceu de forma muito mais desordenada do que este último, o que demonstra a falta de interesse em cuidar, ordenar e limpar as urbanizações fora do centro da cidade.

A Calle Ordoño II sofreu uma série de transformações a partir dos anos 60 e é agora que este marco espacial adquire, como o resto do Ensanche, um significado de "acumulador de capital". A maior oferta de trabalho da cidade é representada pelas actividades terciárias, administração, transportes, comércio e banca.   A liberalização da economia conduziu, nesta altura, a um aumento do poder de compra e, ao mesmo tempo, ao desenvolvimento de um grande número de empreendimentos imobiliários apoiados pelo Estado, favorecendo assim a organização de um mercado imobiliário cada vez mais forte.

[67] A procura de terrenos organiza-se em função da localização espacial e os promotores passam a fazer parte do corpo de agentes urbanos dinâmicos, na medida em que transformam a realidade espacial em função da rentabilidade dos terrenos, surgem novos loteamentos em função da nova ocupação do solo e ocorre uma densificação do espaço .

---

[63] como quadro vital e fenómeno coletivo, e a fragmentação e apropriação privada do mesmo". Ver: A. T. REGUERA RODRÍGUEZ, "Especulaciones urbanísticas en el León de posguerra", *Tierras de León*, nº 68, León, 1987, pp. 3-9.

[64] S. TOMÉ FERNÁNDEZ, *León, los ríos en el paisaje...*, pp. 59-61.

[65] V.V.A.A., *León, Casco Antiguo y Ensanche...*, pp. 34-35.

[66] J. C. PONGA MAYO. *El ensanche de la ciudad de León...*, pp. 36-37.

[67] *Ibid.* pp. 55-56.

[68]   A partir do momento em que a burguesia se instalou nesta zona, esta começou a ser considerada um lugar muito valorizado, mas foi a sua localização como centro urbano, a sua acessibilidade, a densificação da população nos arredores e, claro, o capital que se acumulou neste lugar que realmente proporcionou o valor de uso e de troca que hoje associamos a Ordoño II.

7.1-A transição da propriedade vertical para a propriedade horizontal

Embora alguns imóveis pertençam ainda hoje às famílias burguesas que se tornaram proprietárias no início do século XX, a grande maioria pertence agora a entidades e proprietários privados de habitação e estabelecimentos comerciais e bancários, estes novos agentes estrategicamente localizados deram uma nova funcionalidade à rua.

Segundo o Professor López Trigal, a partir de 1973, registou-se um período de expansão bancária que ficou conhecido como o "boom bancário". O aumento do número de agências bancárias tem a sua origem no aumento das contas de depósito dos clientes". A localização destes bancos, criados a partir de 1975, baseou-se na linha de concentração das anteriores agências na cidade: uma "cidade" ou sede de agências bancárias no centro comercial da cidade, Santo Domingo e as suas ruas radiais.

Por volta de 1980, mais quatro bancos, juntamente com o Banco de Espanha, juntaram-se aos novos proprietários. Apenas três deles utilizaram todo o edifício para os seus próprios fins. Os outros reconstruíram os edifícios e dividiram-nos horizontalmente, vendendo os novos apartamentos a proprietários privados.

---

[68] *Ibid.* pp. 55-56.

Em 1960, foram estabelecidas as Normas Regulamentares da Propriedade Horizontal (Lei de 21 de julho de 1960) e, com estas disposições gerais, foi introduzido um novo regime de propriedade fundiária, segundo o qual um edifício deixaria de ter um único proprietário, passando o número de proprietários a variar em função do número de apartamentos criados e da capacidade de investimento do requerente. O sistema de arrendamento utilizado até aos anos 60 estava em declínio. [69]Como a divisão horizontal foi aplicada aos edifícios, os inquilinos que ocupavam as casas tiveram acesso à propriedade privada e, embora seja uma decisão voluntária, implica o abandono da propriedade pelo inquilino para que outro potencial comprador possa ter acesso a ela.

Este fenómeno de parcelamento do solo foi explorado pela pequena burguesia comercial de Leão e pelas empresas de gestão e administração do centro espacial urbano para um melhor e mais eficaz desenvolvimento da troca dos seus produtos. [70]A relação entre os preços dos terrenos e as rendas em função das vantagens da sua localização central é positiva para o investidor.

7.2 A renovação dos edifícios.

A Lei de 1976 sobre o Regime de Terras e Urbanismo inclui alguns artigos alusivos à promoção da construção, cujos objectivos são acelerar o processo de renovação, por exemplo, as "propriedades onde existam construções paralisadas, em ruínas, demolidas ou inadequadas para o local onde se situam..." são consideradas parcelas de terreno e é imposta a condição de construir no prazo de dois anos, após processamento e inscrição no registo municipal de parcelas de terreno.

---

[69] *Ibid.* pp. 57.
[70] *Ibid.* pp. 57-60.

A administração pública privilegia a renovação dos edifícios. Nesta última categoria de "inadequados" e seguindo a rentabilidade do terreno, era lógico que o espaço fosse renovado de acordo com as novas utilizações e funções do terreno. Os novos edifícios tendem a elevar-se em altura, com espaços mais baixos para lojas e escritórios, sendo o resto do espaço utilizado para fins residenciais. A maioria dos edifícios que podemos ver atualmente na rua tem 5 ou mais pisos. Mesmo assim, dos 37 edifícios com fachada em Ordoño, apenas 9 foram demolidos e reconstruídos.[71]

7.3-Renovação do uso do solo a partir de 1960.

A partir dos anos 60-70, assiste-se a uma explosão de preços que coincide com a liberalização da economia espanhola e o aumento do nível de vida. O valor de troca é cada vez mais elevado e, por conseguinte, o valor de uso aumenta, o que afecta as funções do espaço, que se torna cada vez mais terciário. O sector alimentar está a perder representatividade em paralelo com a degradação do carácter residencial da rua.

A renovação de edifícios promovida pelos novos usos do solo e pela nova identidade da rua afectou sobretudo o pavimento sul (números ímpares), mas a renovação de usos também se verificou no pavimento norte (números pares), com actividades adaptadas às antigas estruturas habitacionais. É também significativo que a maior concentração de actividades e de renovação de edifícios se concentre na zona mais próxima da Praça de Santo Domingo, centro nevrálgico da cidade.[72]

---

[71] *Ibid.* pp. 61-62.
[72] *Ibid.* pp.63-66.

7.4-Análise demográfica a partir de 1960.

A análise do tecido social que residia na zona, tanto a categoria socioprofissional como os moradores da zona, é fundamental para compreender as transformações da rua a partir dos anos 60 em relação ao seu início.

A população tem vindo a diminuir desde a década de 1960 devido à deslocação da população para outras áreas e à diminuição da taxa de natalidade, bem como ao envelhecimento dos residentes mais velhos.

Trata-se ainda de uma população burguesa, de classe média-alta, o que se reflecte também na categoria socioprofissional que se instalou na zona: advogados, médicos, engenheiros, arquitectos, financeiros adquiriram imóveis para desenvolver a sua profissão e não tanto como residência.

O processo de degradação dos bairros antigos tem vindo a abrandar devido ao interesse patrimonial e turístico que encerram, mas não está à altura dos cuidados dispensados a estas áreas de expansão. Concluímos que o contingente demográfico, que confere um conteúdo social ao espaço geográfico, está intimamente relacionado com o processo de transformação que afecta o território.[73]

---

[73] *Ibid.* pp.66-69.

8-CONCLUSÕES

Decidi fazer uma conclusão "alternativa", confesso que me propus desenvolver um trabalho demasiado ambicioso para a minha limitada experiência em planeamento urbano. Constatei isso ao longo do processo de elaboração e, quando leio as conclusões dos trabalhos que utilizei como referência, encontro riquezas incrivelmente maiores do que as que eu poderia trazer para a mesa.

Por esta razão, escolhi uma opção mais acessível para esta última parte. Uma pequena conclusão formal, mais avaliativa do que conclusiva, e uma segunda conclusão pessoal em consonância com a atividade prevista para quarta-feira, 7 de dezembro de 2016, seguindo o fio condutor da "caminhada urbana".

8.1-Conclusão formal.

A especulação faz parte do urbanismo, e penso que o autor está demasiado preocupado com este lapso. Acompanhei o seu desenvolvimento por uma razão: compreendo que o verbo especular depende do seu contexto histórico. No mundo clássico, a classe dominante especulava sobre a exaltação das suas imagens megalómanas e petulantes. Nesta esfera, pelo contrário, em que a burguesia pertence ao grupo dominante, ela é comercial e investidora e, portanto, investe já não nas suas figuras, mas num espaço neutro que aspira a produzir lucros em torno do seu valor de uso e de troca, para além do seu interesse em planear um espaço à sua medida. É esta a diferença que eu queria marcar.

Não é a mesma coisa por causa disso. Tendo em conta que partilham essa ideia especulativa, presumo que a maior parte desta e de outras cidades foram construídas através dessa especulação urbana, os interesses que lhe estão subjacentes são distintivos dessas iniciativas e da sua projeção. Eu vivo num traçado que foi literalmente criado através do Corte Inglés. E sim, reconheço que este foi seguramente o motor que dinamizou o bairro, determinando o seu planeamento e as suas consequências espaciais e sociais.

Conhecer a realidade, por mais sórdida e especulativa que seja, é necessário. Eu desconhecia grande parte do desenvolvimento de Ordoño II e agora compreendo melhor este espaço. Tanto no sentido urbanístico e histórico, como nas consequências sociais que gerou. Assim como agora reconheço o valor dinamizador destas iniciativas, (mais lucrativo do que social). E por isso estou grato por ter podido participar nesta abordagem através de dinâmicas com grande impacto na nossa sociedade, mas que nunca deveriam circular em zonas onde prevalecem os ângulos mortos para o cidadão comum que depois passa por elas.

8.2-Conclusão pessoal: Um passeio pela Avenida de Ordoño II.

Durante uma tarde percorri a avenida de Ordoño II com um caderno na mão e a informação que recolhi nas páginas anteriores, relativamente fresca. Percorri-a e fui anotando as impressões pessoais que me iam surgindo, guiado sobretudo pela terna intuição urbanística de que agora disponho.

Não há misericórdia para o velho, a não ser que seja vintage.

Ao passear pela Avenida de Ordoño II, deparamo-nos com inúmeros transeuntes, todos eles atarefados. Uns entram nas lojas, outros saem delas, toda a rua parece estar imersa num frenesim de afazeres. Não é realmente uma rua para um passeio tranquilo, este tráfego abundante esqueceu ou desconhece o antigo marco do "Paseo de las Negrillas". Já ninguém passeia, nem sequer quando está a fazer compras, nem os madrugadores, nem os tardios, nem os noctívagos desfrutam dos seus passos na Ordoño II.

Foi difícil não ir com a corrente, mas consegui sair da corrente, descobri mesmo alguns olhares furtivos que tentavam penetrar na minha anómala atitude contemplativa, não é o local ideal para a observação, (pensei, rodeado por aqueles ritmos galopantes e determinados), mesmo assim consegui distinguir alguma coisa.

De costas para a Praça de Santo Domingo, olho para o outro lado da rua por conveniência (mais tarde irei para o outro lado). Não posso deixar de notar que o meu passeio parece ser muito mais utilizado, quase todos são edifícios com mais de cinco andares e feitos de materiais novos. Suponho que não têm mais de quarenta anos. Do outro lado da rua, vejo edifícios mais pequenos, de três e até dois andares, nada parecidos com os mastodontes que me abrigam deste lado, projectando sobre mim um efeito sombrio e intimidante.

Estou sempre a olhar para estas fachadas à minha direita e vejo nelas um vigor descontextualizado. Também acho que os letreiros que "decoram" os pisos inferiores não ajudam nesse sentido, ofendem e são muito desrespeitosos para com a arquitetura que os abriga.

Um deles (portal nº 5) tem uma grande fita vermelha a decorar parte da fachada, reparo que há uma farmácia ao fundo e que também é antiga. Não há nenhum rés do chão desocupado, todos eles estão a ser explorados por empresas, e sim, todos eles são terciários, todos eles oferecem um serviço que não implica comunidade, que de facto impossibilita a criação de comunidade neste espaço urbano e intensivo.

Continuo a avançar entre escritórios de bancos e a perspetiva de habitações impraticáveis. Alguns metros mais adiante encontro um rés do chão em construção, o número 8 de Ordoño II está a ser intervencionado diante dos meus olhos, e pergunto aos trabalhadores o que vão colocar naquele negócio, ao que um deles responde: -Um Santander. Compreendi-o, despedi-me com um "como se não bastasse..." e continuei a andar. Mais um banco para a longa lista de agências bancárias que colonizaram este espaço urbano.

É cada vez mais claro para si que está a caminhar num centro comercial aberto. Mas ninguém poderia viver num centro comercial. Um pouco mais à frente, deparo-me com outro processo em construção, o número 14, um edifício de três andares, que suponho ser antigo, porque o obrigaram a manter as fachadas inferiores. Agora tem seis andares, estão a aproveitar muito bem o terreno do edifício, e também estão a planear um espaço interior em forma de galeria comercial que liga Ordoño II à rua de trás.

Também reparo que nas janelas superiores dos edifícios mais antigos e abandonados há muitos cartazes colados. Aparecem sempre em edifícios antigos e neles pode ler-se: "vende-se" ou quase sempre "aluga-se". Pergunto-me se ainda estão na Avenida de Ordoño II, e penso que não, porque estes edifícios pertencem mais ao antigo Paseo de las Negrillas.

O valor de troca e de utilização destes imóveis também está ultrapassado, ninguém investe em imóveis antigos, disfuncionais e anacrónicos, porque não podem competir com os novos que têm todos os serviços contemporâneos, ninguém se preocupou em adaptá-los, em colocar um elevador nas suas entranhas antiquadas, simplesmente vão deixá-los morrer até terem o mesmo destino que o número 14.

Um pouco mais à frente, encontro o primeiro supermercado da rua, e já percorri metade do caminho. Não verei mais nenhum; os empregados das lojas, os funcionários, os bancários, os trabalhadores, todas estas pessoas que vivem nesta rua durante o dia só a habitam durante algumas horas, em breve irão para casa e a rua ficará vazia e deserta depois de todo o cansaço do dia. Se passarmos por ela depois de todas as lojas, bancos, escritórios e serviços administrativos terem fechado, a sensação de passar por esta dicotomia é terrível.

É bastante deprimente neste sentido, não encontro nada de esperançoso para a sua posteridade como elemento urbano vivo. Quase no fim da rua, em frente ao chanfro do Alcázar de Toledo, vejo uma pequena loja que parece ter um ar de outros tempos, chama-se "Mercería Ortega", e pelo menos quero referir que este reduto de costura ainda existe. Decido entrar, contar-lhe o que estou a fazer ali e se ele tiver a amabilidade de me responder a algumas perguntas.

É a herdeira da empresa familiar. Foi aberta pelo seu pai em 1949 e, como ela disse, referindo-se também a outros colegas nas trincheiras, "somos nós que nos aguentamos". É o que lhe dá a vida. Não é um franchising e o resto das novas empresas têxteis da rua estão determinadas a vilipendiar o conceito de retrosaria ou a eliminar do vocabulário coletivo as "reparações têxteis" deste ofício que já não tem lugar na nossa sociedade de consumo.

As instalações são muito pequenas, mas a renda, como me confessa o gerente da loja, "é demasiado alta", mas parece ser o preço a pagar por um pequeno negócio na avenida principal, cuja renda foi aumentada pela abolição das rendas antigas. Entretanto, penso com tristeza que não há misericórdia para o velho, a não ser que seja "vintage".

Não vive ali, nem nunca viveu, porque, entre outras coisas, diz: "é um sítio incómodo para viver, a maior parte das casas não tem estacionamento, os acessos são difíceis e já não resta nada". Tem memórias da retrosaria desde os dois anos de idade, quando já andava a correr pela loja do pai.

9-BIBLIOGRAFIA

1- BAYÓN, R. ARCE. *La ciudad de León en el siglo XIX. Transformaciones Urbanas Precursoras del plan de ensanche,* León, 2012, p.120.

2- ORDOVÁS, M. J. GONZÁLEZ *Políticas y estrategias urbanas*, Madrid, 2000, pp.121-122.

3- DURANY, M. P. *La calle Ordoño II de León: De calzada real a eje comercial y de servicios,* Salamanca, 1990, p. 21.

Mª del P. DURANY, *La calle Ordoño II de León: De calzada real a eje comercial y de servicios,* Salamanca, 1990, pp. 24-27.

Mª J. GONZÁLEZ ORDOVÁS, *Políticas y estrategias urbanas*, Madrid, 2000, pp. 121-122.

VV. AA., *León, Casco Antiguo y Ensanche. Guía de Arquitetura*, León, 2000, pp. 23-31.

Mª J. GONZÁLEZ ORDOVÁS, *Políticas y estrategias urbanas*, Madrid, 2000, pp. 121-122.

M. SERRANO LASO, *Arquitetura doméstica en León a principios de Siglo (1900-1923). La pervivencia del ecleticismo*, León, 1992, pp. 25-50.

J. R. CABALLERO CHICA, *La arquitetura de la ciudad de León en su fase inicial (1907-1919),* tese de mestrado defendida na Universidade de León, León, 2017, pp. 28-30.

J. HERNANDO CARRASCO e M. SERRANO LASO, "Arquitetura contemporánea. Del neoclasicismo a la posmodernidad", em *Historia del Arte en León*, cap.16, León, 1990, pp. 263-264.

S. TOMÉ FERNANDEZ, "La segunda fase de ocupación del Ensanche Leonés: el proceso de renovación desde los años 60", in L. LÓPEZ TRIGAL (Ed.), *Los Ensanches en el urbanismo español, el caso de León,* Madrid, 1999, pp. 115-119.

T. CORTIZO ÁLVAREZ, "El Ensanche de León. Projeto e primeira ocupação", in *Ibidem,* pp. 104-112.

E J. R. CABALLERO CHICA, *Op.cit.,* pp. 28-30;

T. CORTIZO ÁLVAREZ, *Op.cit.,* pp. 104-112.

S. TOMÉ FERNÁNDEZ, *León, los ríos en el paisaje Urbano,* Gijón, 1997, pp.59-60.

Mª del P. DURANY, *Op. cit.,* pp. 24-38.

E. FERNÁNDEZ GARCÍA, *León y su actividad escénica en la segunda mitad del siglo XIX*, Tese de doutoramento defendida na UNED, Madrid, 1997, pp. 70-78.

S. SANTOS VALERA, "La gota de leche en la ciudad de león: una institución benéfica municipal", *Argutorio*, nº10, 2003, pp.27-28.

M. ANDRÉS EGUIBURU, *Op.cit.,* pp. 113-116.

J. C. PONGA MAYO. *El ensanche de la ciudad de León...*, p. 196.

M. ANDRÉS EGUIBURU, *Op.cit.,* pp. 110-113.

Desconhecido (14 de janeiro de 2013). El Ensanche de León [entrada no blogue]. In: Walking BCN. 2012-13. https://caminarbcn12-13t.blogspot.com/2013/01/el-ensanche-de-leon.html

Olaizola Elordi, J. [Juanjo] (18 de dezembro de 2023). O caminho de ferro chega a León [entrada no blogue]. In: Historias del Tren. https://historiastren.blogspot.com/2023/12/el-ferrocarril-llega-leon-i.html

Vergara Pedreira, S. [Susana] (4 de abril de 2021). As quatro casas de Ordoño. La Revista de El Diario de León. https://www.diariodeleon.es/monograficos/revista/210404/1251483/cuatro-casas-ordono.html

I want morebooks!

Buy your books fast and straightforward online - at one of world's fastest growing online book stores! Environmentally sound due to Print-on-Demand technologies.

Buy your books online at
www.morebooks.shop

Compre os seus livros mais rápido e diretamente na internet, em uma das livrarias on-line com o maior crescimento no mundo! Produção que protege o meio ambiente através das tecnologias de impressão sob demanda.

Compre os seus livros on-line em
www.morebooks.shop

info@omniscriptum.com
www.omniscriptum.com